GRANDES INVENTOS

Parramón

Proyecto y realización
Parramón Ediciones, S.A.

Dirección editorial
Lluís Borràs

Ayudante de edición
Cristina Vilella

Textos
Néstor Navarrete

Diseño gráfico y maquetación
Estudi Toni Inglés

Ilustraciones
Estudio Marcel Socías

Dirección de producción
Rafael Marfil

Producción
Manel Sánchez

Primera edición: febrero 2004

Tecnología. Grandes inventos
ISBN: 84-342-2606-5

Depósito Legal: B-46.915-2003

Impreso en España

Ronda de Sant Pere, 5, 4ª planta
08010 Barcelona (España)
Empresa del Grupo Editorial Norma

www.parramon.com

SUMARIO

JOYAS PARA EL PROGRESO

El propósito principal de esta obra es conseguir que los lectores más jóvenes se interesen por la tecnología a primer golpe de vista, presentándoles algunos de los inventos más interesantes de la historia de la humanidad de una manera atractiva y accesible.

Los once inventos seleccionados no son ni los más antiguos, ni los más modernos, ni todos los más importantes de la historia; son once objetos significativos que intentan ejemplificar tanto algunas épocas clave del desarrollo humano, como algunos de los apartados principales en los que se divide la actividad científica y tecnológica. A través de estos inventos se pretende que el lector que entra por primera vez en contacto con el mundo de la técnica pueda establecer su propia relación personal con ella.

Para conseguir nuestro objetivo hemos seleccionado inventos conocidos, o que lo sean algunas de sus aplicaciones, y se ha cuidado en especial su representación gráfica. De cada invento se menciona el principal argumento científico que lo sustenta, se dan datos que lo sitúan en la época en la que apareció y, en algunos casos, se esquematiza su posterior evolución.

TRANSFORMANDO LA NATURALEZA

LA ESPECIE QUE INVENTA

Los seres humanos no somos los animales más rápidos corriendo ni nadando, tampoco somos los más grandes ni los más fuertes, pero si en algo ningún otro ser nos puede ganar es en la capacidad para inventar cosas. Nuestra especie no es la única capaz de inventar, es decir, de transformar objetos naturales para convertirlos en instrumentos con una nueva utilidad, pero sí es más hábil que cualquier otra especie conocida a la hora de realizar esa labor. En realidad, esa capacidad para transformar la naturaleza ha convertido al ser humano en lo que es en la actualidad, tanto en lo bueno como en lo malo, pues no hemos de olvidar que el mismo ser que inventa medicinas para curar también inventa armas para matar.

Nuestra especie no inventa de una manera anárquica, sino que los inventos están íntimamente relacionados tanto con las necesidades de las personas como con los conocimientos de una época y un lugar determinados. Sin embargo, algunos individuos excepcionalmente inteligentes y creativos, como Arquímedes o Leonardo da Vinci, se adelantaron a su tiempo con inventos que tardaron, a veces, siglos en convertirse en instrumentos útiles.

UNA LENTA PUESTA EN MARCHA

Durante algunos centenares de miles de años el invento estrella de la humanidad fue el dominio del fuego, y ni siquiera se debió al *Homo sapiens*, sino a una especie humana mucho más antigua. El perfeccionamiento de las herramientas de piedra ocupó a la humanidad decenas de miles de años durante los que también se construyeron los primeros anzuelos, las agujas y otros pequeños instrumentos de hueso y madera.

Las hachas de piedra, con o sin mango de madera, fueron durante miles de años la única herramienta que utilizaban sistemáticamente los seres humanos.

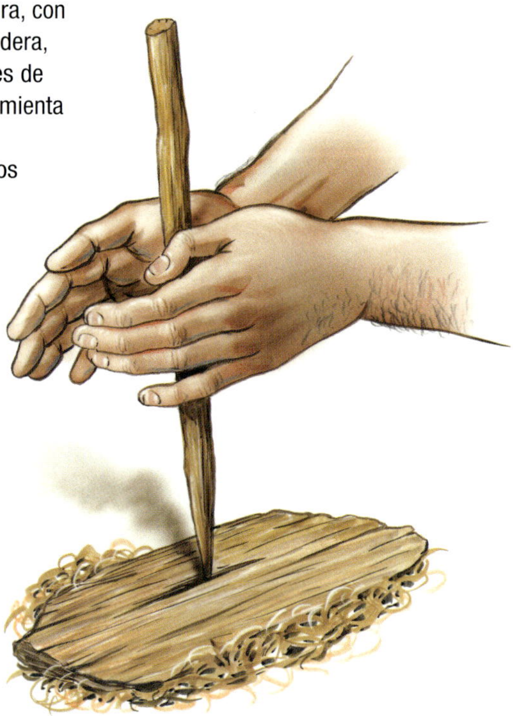

El procedimiento de producir fuego frotando dos trozos de madera no es el más antiguo, pero sí el que más tiempo ha perdurado.

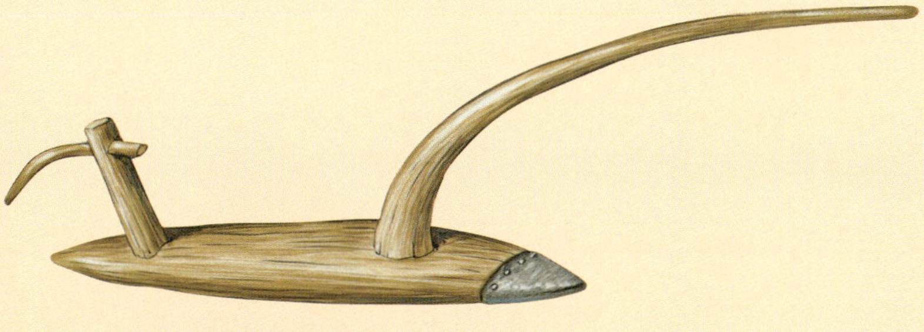

Entre la invención del arado y su primer perfeccionamiento importante, la anexión de una vertedera, pasarían casi cinco mil años.

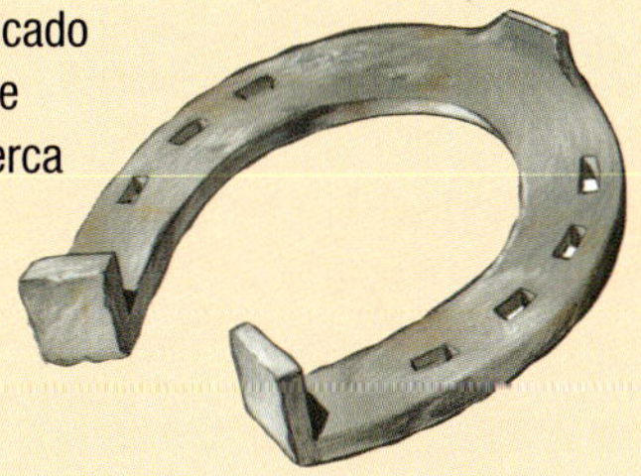

Aunque el caballo fue domesticado por algunos pueblos de Oriente hacia el 2000 a.C., pasaron cerca de mil años antes de que se los dotara de herraduras.

El arco, las flechas y las lámparas de aceite se inventaron hace unos veinte mil años y, unos ocho mil años después, nuestra especie aprendió a domesticar algunos animales. Pero la conquista que cambiaría de manera definitiva el destino de la humanidad se produciría cuatro mil años más tarde, cuando algunas tribus dispersas del Oriente Medio se convirtieron en sedentarias y desarrollaron la agricultura.

El primer instrumento específicamente inventado para las labores agrícolas fue el bastón de sembrar, que hasta hace muy pocos años aún utilizaban algunas tribus de Nueva Guinea y de la Amazonia, al que siguieron en poco tiempo hoces de piedra y azadas del mismo material. Al parecer, el primer arado se utilizó en Sumer hacia el año 3500 a.C., pero en esa época ya eran corrientes algunos cacharros de cerámica, el uso del regadío y la utilización de cuerdas de lino para la fabricación de redes de pesca. Si se añade la invención de la balanza para pesar grano, del horno, de las canoas y del reloj de sol, puede apreciarse que en unos pocos miles de años se inventaron muchos más objetos y procedimientos de gran utilidad que en toda la historia anterior de la humanidad.

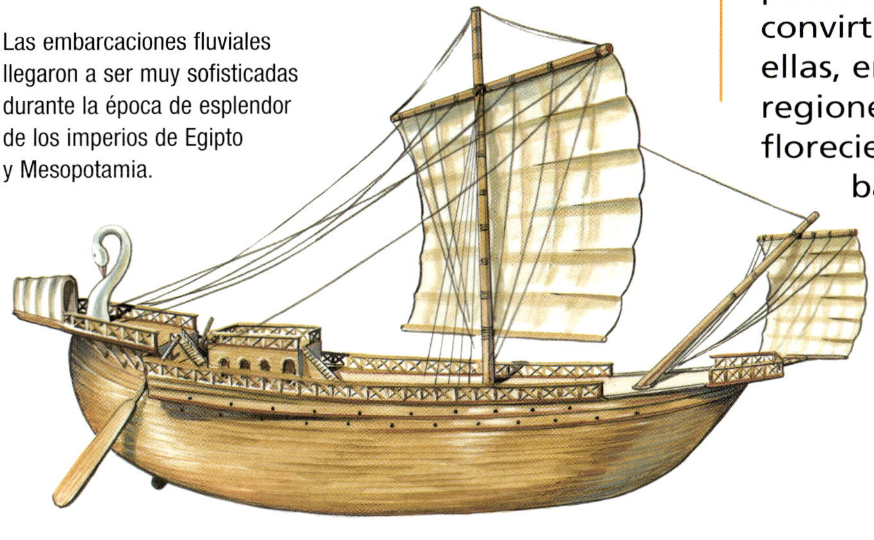

Las embarcaciones fluviales llegaron a ser muy sofisticadas durante la época de esplendor de los imperios de Egipto y Mesopotamia.

LAS CIVILIZACIONES CLÁSICAS

La mejora en las condiciones de vida de las gentes del Oriente Medio, a medida que se perfeccionaban las técnicas agrícolas, fue tan espectacular que en pocos siglos las poblaciones dispersas se convirtieron en naciones y, algunas de ellas, en imperios que dominaron extensas regiones del planeta. En Mesopotamia florecieron culturas como la caldea, la babilonia o la sumeria, pero sobre todas ellas brilló la egipcia, que ha legado a la humanidad algunas de las construcciones más bellas y espectaculares de todos los tiempos.

Los molinos de viento, que tuvieron variadas aplicaciones hasta el siglo XIX, se han convertido en un importante recurso energético durante el XXI.

El microscopio pertenece a esa categoría de inventos que terminan con la visión del mundo de una época, e inauguran una nueva.

El desarrollo de los procedimientos para fundir y forjar instrumentos de bronce y, posteriormente, de hierro, la invención de la escritura, de la rueda, del papiro, del vidrio y del carro arrastrado por caballos, además del perfeccionamiento de las técnicas de construcción en piedra, son las conquistas técnicas sobre las que se asentaron los grandes imperios orientales. Su aprendizaje permitió a los antiguos griegos desarrollar su maravillosa cultura e ir un paso más allá al poner los cimientos de lo que, siglos después, se conocería como método científico.

La metalurgia es un oficio que requiere cualidades como la observación sistemática y la experimentación controlada, que son precursoras del método científico.

Pero a pesar de la capacidad de los antiguos griegos para teorizar y descubrir algunas leyes de la naturaleza y de su incuestionable habilidad creativa, muchos de los inventos que imaginaron jamás fueron construidos. Y es que no basta con tener los conocimientos y la habilidad para hacer las cosas, sino que éstas han de considerarse necesarias en el momento y el lugar en que se pretende construirlas. Por ejemplo, las máquinas que aprovechaban la fuerza del vapor o la presión del agua, ideadas, entre otros, por Arquímedes, nunca se construyeron porque la existencia de esclavos las hacían innecesarias en su época.

DE LA PAUSA DEL MEDIEVO A LA EXPLOSIÓN RENACENTISTA

Con la caída del Imperio Romano se perdieron muchos conocimientos tecnológicos que tardarían casi mil años en recuperarse, pero durante el Renacimiento no sólo se mejoraron esas técnicas recuperadas, sino que aparecieron inventos nuevos, como la brújula, los molinos, los anteojos, los relojes mecánicos, las armas de fuego y la imprenta, entre otros. Además, durante ese período tuvo lugar un acontecimiento que provocaría un auténtico alud de invenciones en los siglos posteriores: la aparición en diversos lugares de Europa de pensadores independientes que intentaban descubrir las leyes naturales mediante la observación y la experimentación, es decir, los pioneros del pensamiento científico.

Algunos inventos, como los aviones supersónicos comerciales, pese a su evidente superioridad técnica, no acaban de imponerse por razones políticas y comerciales.

La electricidad, que está presente en la mayoría de las cosas que realizamos diariamente, sólo hace un siglo que empezó a implantarse.

LA ERA CIENTÍFICA

A partir del siglo XVII se dieron en Europa las condiciones para la creación, el desarrollo y la implantación generalizada del método científico, lo que provocó la comprensión de muchos fenómenos naturales y la posterior aparición de inventos relacionados con ellos. El uso del telescopio y del microscopio, recién inventados, contribuyó a poner las bases de una nueva visión del mundo que, ampliada y mejorada, es la que ha llegado hasta nosotros; y la invención de la tabla de logaritmos y de la regla de cálculo convirtieron a las matemáticas en su auxiliar perfecto. En ese mismo siglo se inventaron la primera máquina sumadora (que cuarenta o cincuenta años después ya era capaz de restar y multiplicar), el barómetro y la bomba de aire.

El automóvil, más que un simple vehículo de transporte, se convirtió en pieza clave de la sociedad de consumo y de la industria que la mantiene.

Durante el siglo siguiente el invento estrella fue la máquina de vapor, pero capitales descubrimientos sobre química y electricidad estática permitieron numerosos inventos decisivos para la investigación.

En el siglo XIX tuvo gran importancia la invención de aparatos relacionados con la electricidad, pero también son de ese siglo los motores de combustión interna, el telégrafo, el teléfono, los automóviles, las motocicletas y las bicicletas. El recién finalizado siglo XX vio aparecer los primeros aviones, la radio, la televisión, el submarino, los ordenadores, los satélites artificiales, las naves espaciales o el teléfono móvil, entre los inventos más populares, y también otros, menos conocidos pero muy importantes, como el rayo láser o el microscopio electrónico.

La velocidad con la que, en los últimos trescientos años, se ha desarrollado la tecnología ha provocado que, en un solo año, se presenten en la oficina de patentes de Ginebra más inventos nuevos que todos los producidos por la humanidad antes de 1700.

LA GRANDEZA DE LO SENCILLO

La rueda es uno de los inventos más útiles de la historia, pero se desconoce a su autor, e incluso la época y el lugar exactos en que fue inventada. Aunque su primer uso práctico fue, probablemente, como parte del torno de alfarero, pronto se convirtió en el elemento fundamental para todos los sistemas de transporte y permitió el desarrollo de poleas, engranajes y complejos mecanismos basados en ellos. Esta versatilidad se debe a que la rueda, más que un objeto concreto, es un concepto: un disco que gira sobre su propio eje.

¿LA PRIMERA RUEDA?

Hasta ahora, la primera rueda de la que se tiene noticia cierta es la que aparece en un dibujo sumerio del 3500 a.C. formando parte de un torno de alfarero. Unos mil años después aparece la primera representación de una rueda de carro en un bajorrelieve de las ruinas de la ciudad de Ur –en el actual Irak–. Curiosamente, civilizaciones tan avanzadas como la inca, la azteca o la maya no emplearon nunca la rueda, aunque la conocían, pues la usaron en juguetes.

Rueda maciza. Ur, 2500 a.C.

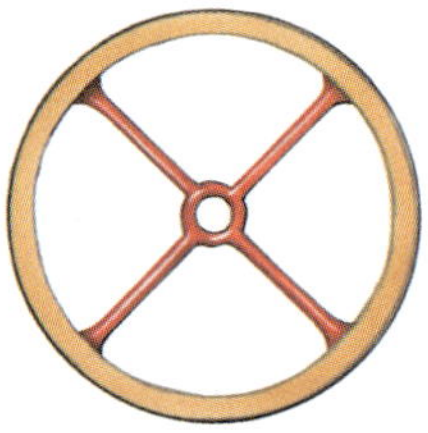

Rueda egipcia con radios. 1600 a.C.

Rueda de carro con radios y cubo central.

Rueda de locomotora.

Rueda de vehículo todoterreno.

Algunos tipos de ruedas

EL CONCEPTO

Seguramente de la observación de las piedras rodando colina abajo, o incluso de los remolinos, surgió la idea de un disco que gira sobre su eje central, que es realmente lo único indispensable para que una rueda pueda existir, pues todo lo demás, como puedan ser los radios, las cámaras, los cubos, las llantas o las cubiertas, son particularidades propias de algunas clases de ruedas, pero no son indispensables en otras.

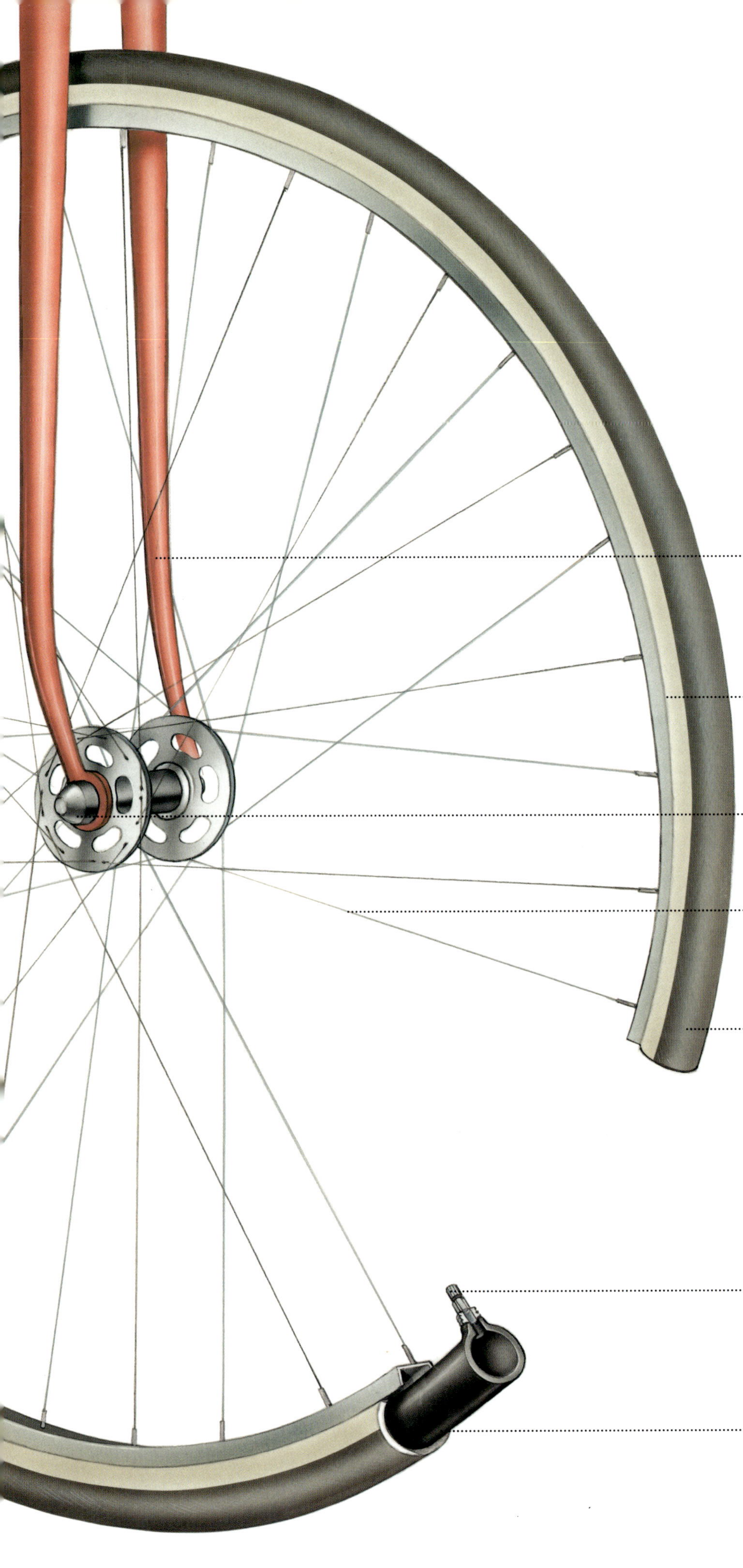

■ **horquilla**
sobre la que se monta la rueda delantera en los vehículos de dos ruedas, como bicicletas o motocicletas

■ **llanta**
soporte metálico del conjunto formado por la cámara y el neumático

■ **eje o cubo central**
centro geométrico de la rueda donde se encajan los radios

■ **radio o rayo**
una de las numerosas varillas que parten del eje y proporcionan solidez a la rueda

■ **neumático**
cubierta de caucho relativamente gruesa y con la superficie rugosa para proporcionar adherencia

■ **válvula**
mecanismo al que se acoplan las manchas o bombas de mano para inflar los neumáticos

■ **cámara**
especie de manguera de caucho fino que se infla para dar consistencia al neumático

AL NORTE, SIEMPRE AL NORTE

Cuando los antiguos chinos descubrieron, hace algo más de mil años, que los trozos ligeros de metal imantado tendían a adoptar siempre la misma posición, no podían dar una explicación razonable. Pero eso no impidió que tanto ellos como los árabes descubrieran su utilidad para orientarse. La brújula consiste en una aguja imantada que se sitúa coincidiendo siempre con el eje norte-sur magnético, si se le permite girar con libertad. El invento no llegaría a Europa hasta principios del siglo XIII.

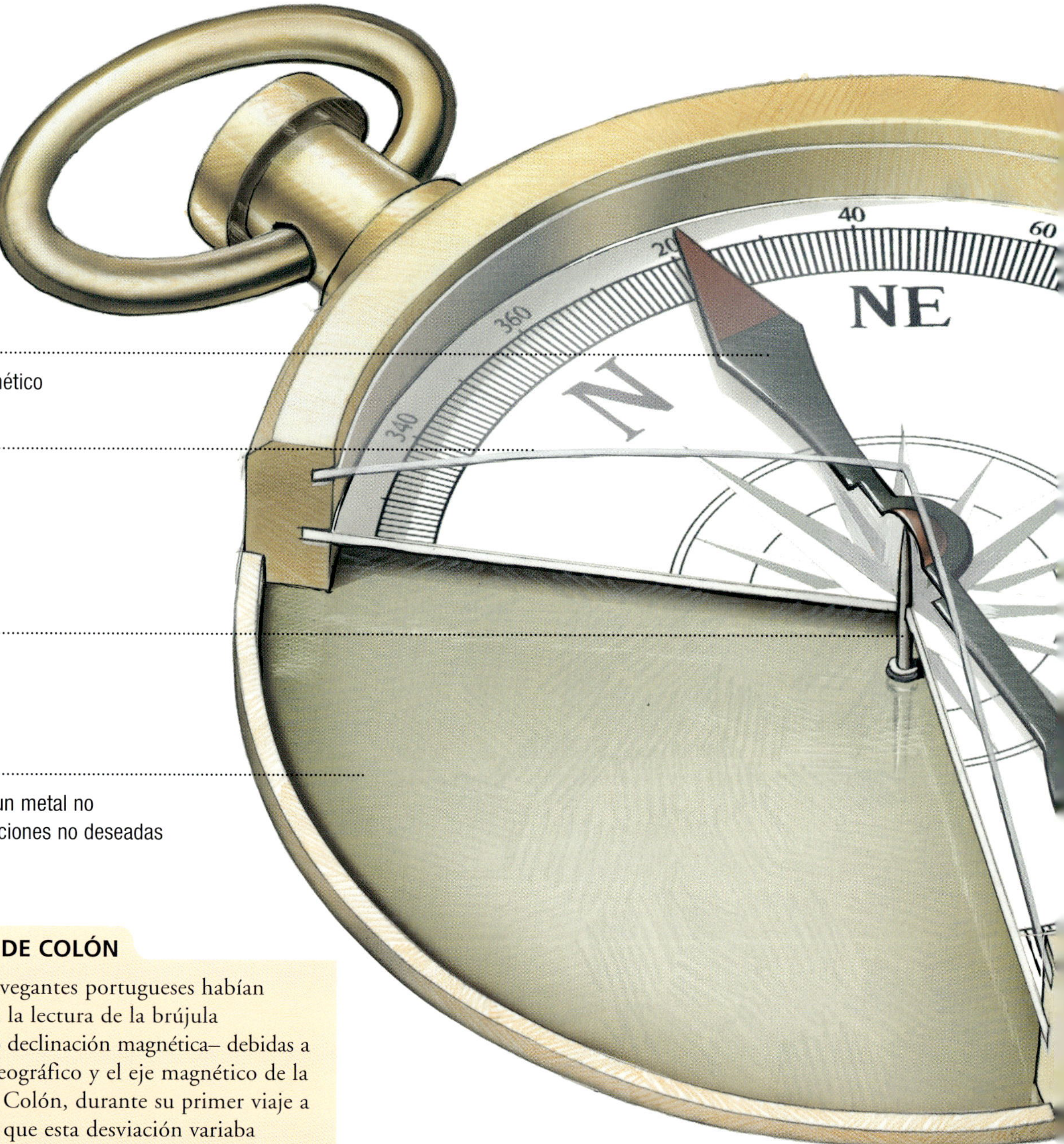

aguja imantada ■
indica siempre el eje norte magnético

pantalla ■
especie de tapa de material transparente que protege el espacio que ocupa la aguja

pivote ■
sobre él, la aguja imantada gira libremente

carcasa ■
que normalmente se fabrica en un metal no magnético para evitar las desviaciones no deseadas de la aguja

LAS OBSERVACIONES DE COLÓN

Durante el siglo XV los navegantes portugueses habían observado desviaciones en la lectura de la brújula –fenómeno al que se llamó declinación magnética– debidas a la diferencia entre el eje geográfico y el eje magnético de la Tierra. Pero fue Cristóbal Colón, durante su primer viaje a América, quien descubrió que esta desviación variaba según el lugar, al comparar las lecturas de días diferentes.

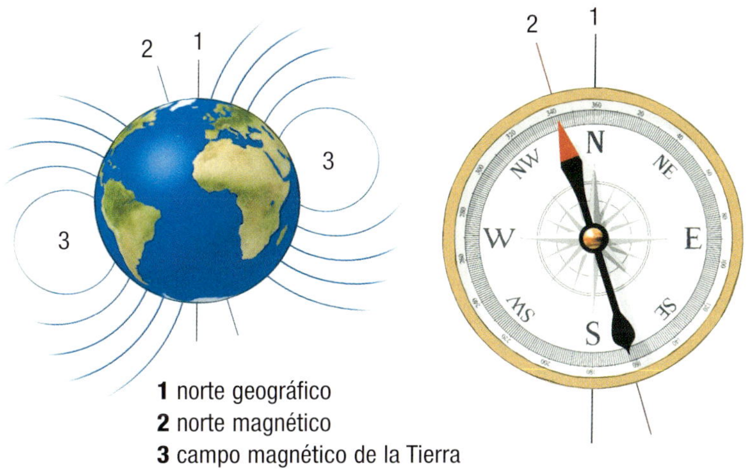

Norte geográfico y norte magnético

El eje norte-sur geográfico es la línea imaginaria sobre la que la Tierra gira, mientras que el eje magnético es el que une los dos polos magnéticos del inmenso imán que es la Tierra. Estos ejes no coinciden y por ese motivo algunas brújulas están provistas de una escala graduada que señala la desviación entre el norte geográfico y el norte magnético.

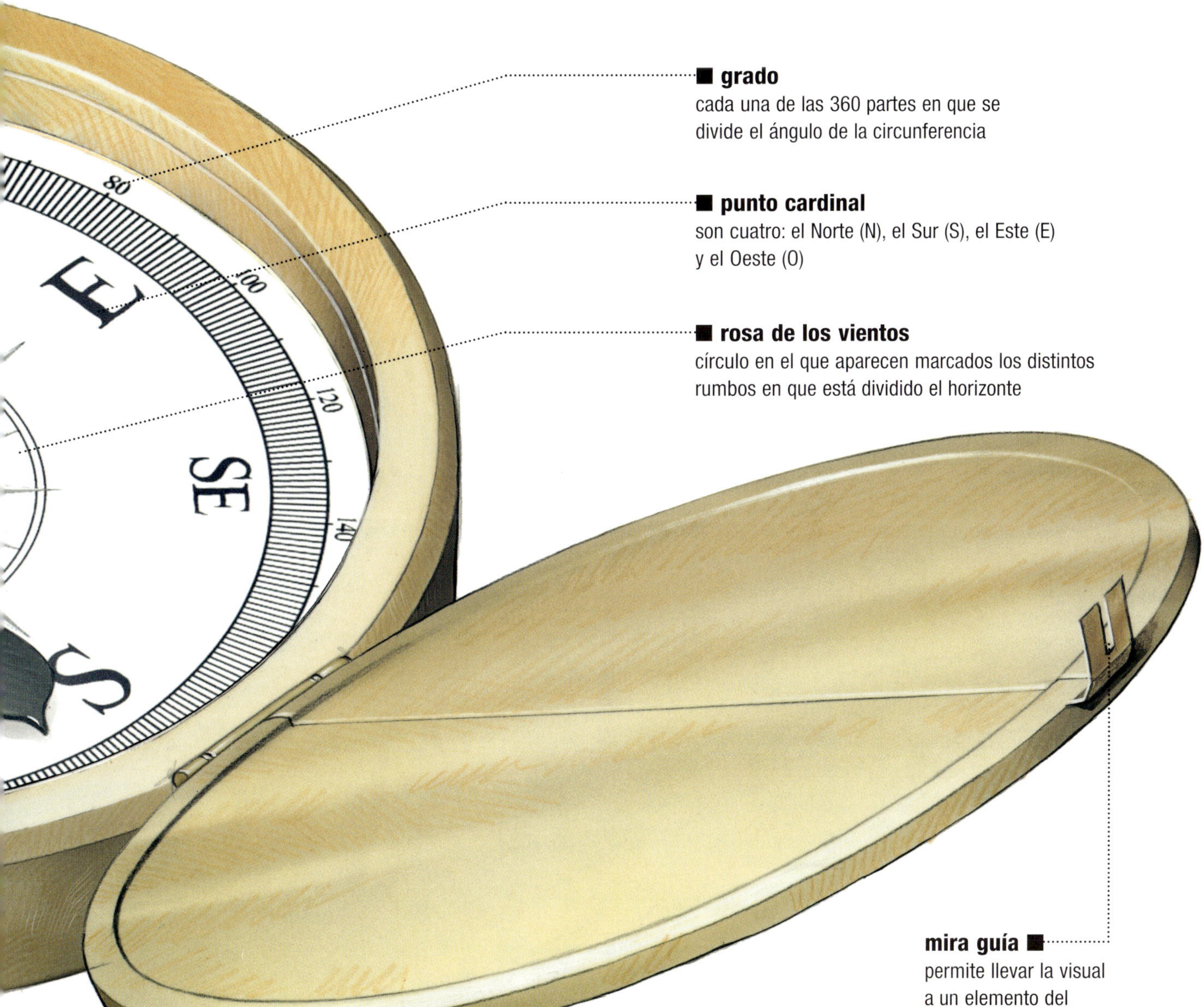

grado
cada una de las 360 partes en que se divide el ángulo de la circunferencia

punto cardinal
son cuatro: el Norte (N), el Sur (S), el Este (E) y el Oeste (O)

rosa de los vientos
círculo en el que aparecen marcados los distintos rumbos en que está dividido el horizonte

mira guía
permite llevar la visual a un elemento del paisaje o a la proa de una embarcación

EN BUSCA DE LA PRECISIÓN

La necesidad de precisión en la medición del tiempo está íntimamente ligada a la manera de vivir de las gentes. La primera actividad humana que requería una medición exacta del tiempo fue la navegación de altura, que es aquélla en la que se pierden de vista las referencias costeras. Por eso, durante los siglos XV y XVI los relojes mecánicos evolucionaron rápidamente y aparecieron los relojes de cuerda, que además de su pequeño tamaño, procuraban gran precisión y funcionaban en cualquier posición.

rueda de trinquete
evita que la cuerda pueda volver hacia atrás

corona
pieza que sirve tanto para dar cuerda al reloj como para ponerlo en hora

barrilete
en él se encuentra el muelle espiral o cuerda que proporciona el movimiento a todas las piezas del reloj, a medida que se va desenroscando

rueda de corona
comunica el movimiento que se proporciona a la corona, tanto a la cuerda como a las saetas

EL ÚNICO RELOJ DE PULSERA VERDADERAMENTE ECOLÓGICO

Es bien sabido que las pilas usadas son un importante residuo contaminante, en especial las diminutas pilas de relojes y calculadoras. Sin embargo, en los años veinte del siglo pasado los relojeros suizos inventaron un reloj que mientras se lleve puesto en la muñeca no necesita que se le dé cuerda y que no requiere pilas. Un preciso mecanismo de contrapesos comunica los movimientos de la muñeca a la cuerda, lo que evita el trabajo de dar cuerda al reloj para que siga funcionando.

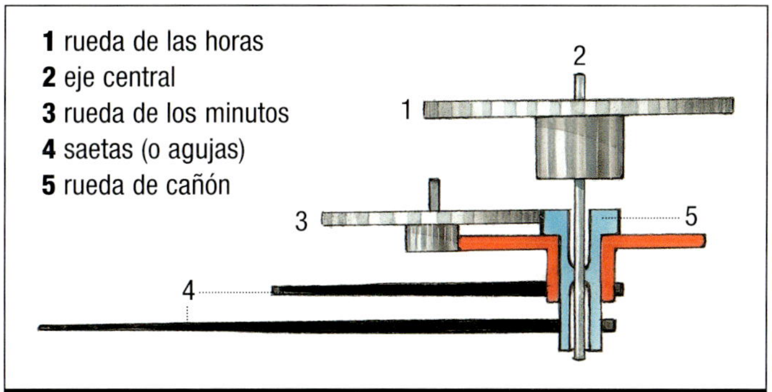

Mecanismo de puesta en hora

Durante la marcha normal, el movimiento del eje del centro, proporcionado por la cuerda, arrastra a la rueda de agujas. Cuando giramos la corona para poner el reloj en hora, la rueda de agujas queda ajustada por fricción sobre el eje del centro ya que gira más rápido que la corona.

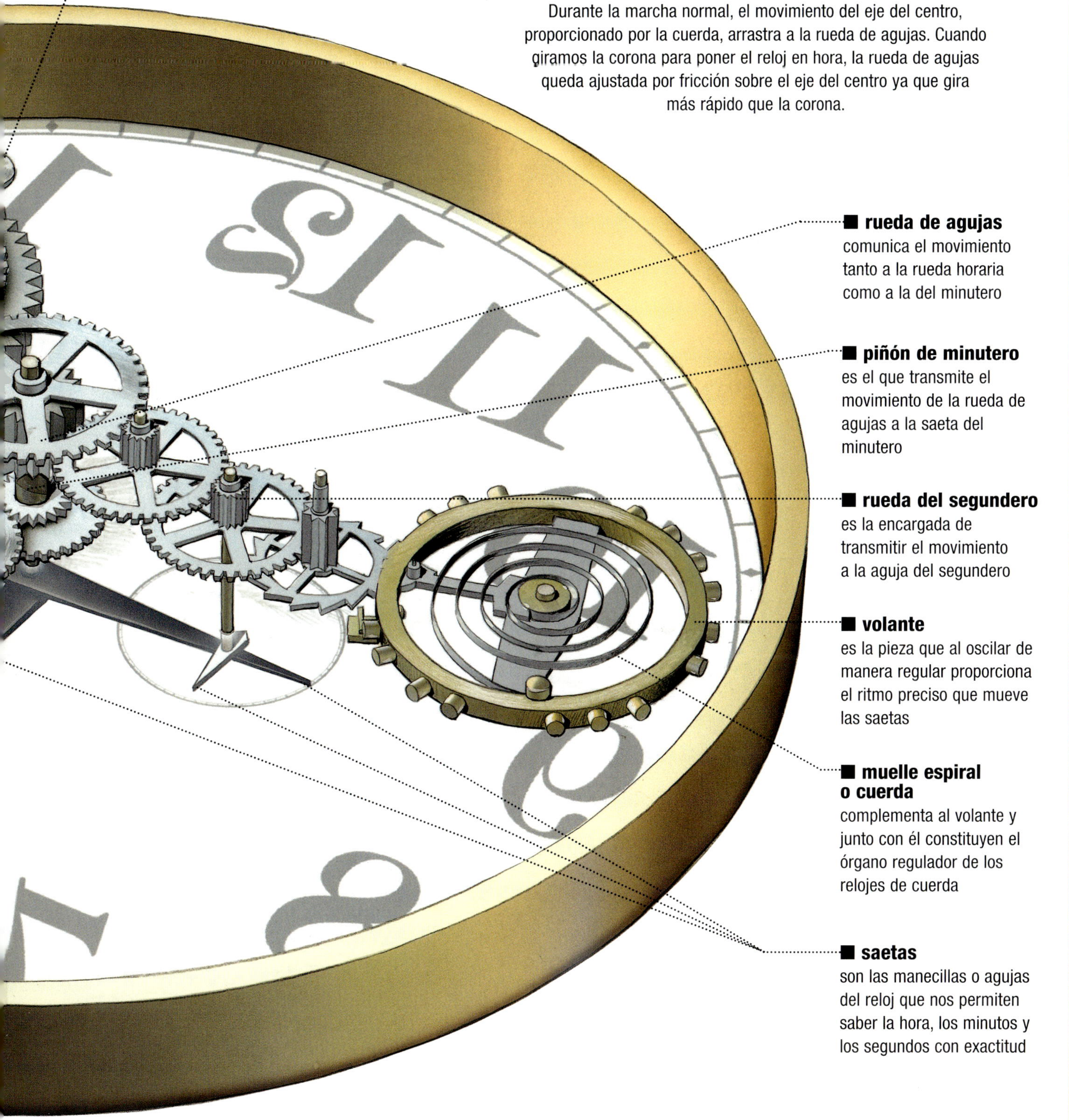

■ **trinquete**
especie de garfio curvo y puntiagudo que resbala sobre los dientes de la rueda de trinquete

■ **rueda de agujas**
comunica el movimiento tanto a la rueda horaria como a la del minutero

■ **piñón de minutero**
es el que transmite el movimiento de la rueda de agujas a la saeta del minutero

■ **rueda del segundero**
es la encargada de transmitir el movimiento a la aguja del segundero

■ **volante**
es la pieza que al oscilar de manera regular proporciona el ritmo preciso que mueve las saetas

■ **muelle espiral o cuerda**
complementa al volante y junto con él constituyen el órgano regulador de los relojes de cuerda

■ **saetas**
son las manecillas o agujas del reloj que nos permiten saber la hora, los minutos y los segundos con exactitud

LAS ESTRELLAS, CADA VEZ MÁS CERCA

Desde muy antiguo algunos sabios habían observado que cuando la luz pasa de un medio (como el aire) a otro (por ejemplo, un cristal o el agua) cambia de dirección y que los rayos de luz se reflejan en un espejo según sea el ángulo con el que llegan a él. Sin embargo, tuvo que pasar mucho tiempo hasta que estos conocimientos se organizaron y dieron origen a los tratados de óptica sobre las leyes y los fenómenos de la luz. Éstos permitieron a cuidadosos artesanos medievales fabricar los telescopios, que son aparatos capaces de aumentar varias veces la imagen de los objetos lejanos observados con ellos.

UN OJO HUMANO EN EL ESPACIO

Cuando el 24 de abril de 1990 el transbordador espacial *Discovery* colocaba en su órbita al telescopio espacial *Hubble*, la especie humana conseguía situar a un observador permanente más cerca de las estrellas. Al fin era posible "ver" el universo sin que los fenómenos atmosféricos interfirieran su observación. Desde entonces, después de que se solucionara un defecto de fabricación, el *Hubble* ha proporcionado las más maravillosas imágenes de estrellas y galaxias jamás logradas.

Cámara digital

Los grandes telescopios suelen estar provistos de una cámara de vídeo que recoge la imagen observada y que permite su tratamiento digital. En antiguos telescopios gigantescos, como el Hale (California, EEUU) se situaba en este lugar a un observador humano.

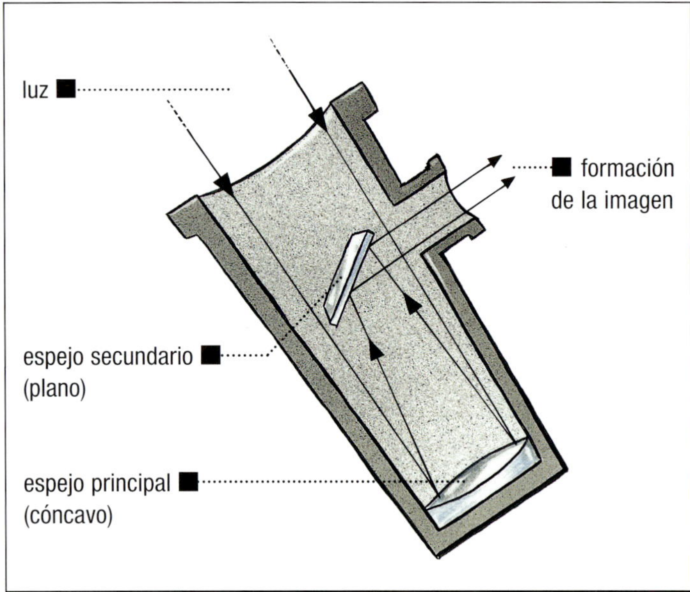

El telescopio de Newton

Se trata del telescopio reflector más sencillo y antiguo. Fue inventado por Isaac Newton en 1668 y ha inspirado a los modelos posteriores.

ocular secundario
lente que permite la observación directa del objeto, pero con una calidad inferior a la obtenida en el ocular principal

consola
desde la que se dirigen todos los movimientos del gran telescopio; en los modelos más modernos están totalmente informatizadas

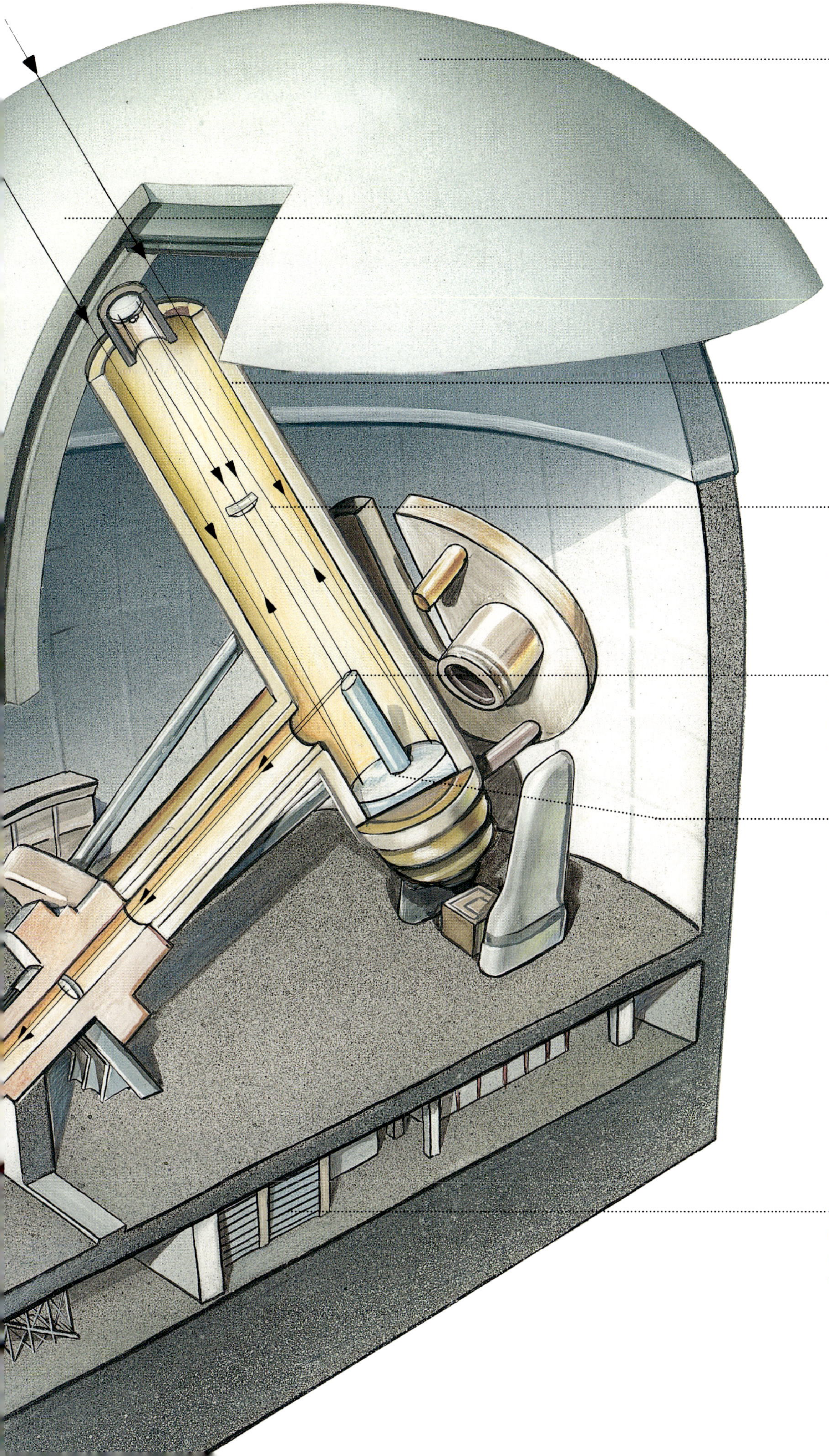

■ cúpula deslizante
especie de bóveda en forma de media esfera que se abre para permitir la observación del firmamento

■ luz
claridad procedente de las estrellas que entra en el tubo del telescopio hasta el fondo, donde se encuentra el espejo parabólico

■ tubo principal
pieza que puede llegar a medir más de seis metros de diámetro

■ tubo secundario
es aquí donde se aloja el ocular principal y se forma la imagen; suele contener una cámara de vídeo digital

■ espejo plano
cristal que recibe la imagen formada en el ocular principal y la refleja al secundario

■ objetivo
está formado por un gran espejo parabólico colocado en la parte que se dirige hacia el objeto observado

■ maquinaria
hace girar el telescopio para compensar la rotación terrestre

EL SABER AL ALCANCE DE TODOS

En el siglo XV el alemán Johannes Gutenberg inventó un procedimiento para imprimir, basado en la composición de textos con letras de plomo que se fundían una a una en moldes de madera. Se iniciaba así un proceso imparable hacia la alfabetización de todos los seres humanos que tuvieran acceso a la cultura. La imprenta puso al alcance de la gran mayoría libros que hasta entonces eran tesoros en manos de unos pocos privilegiados. Además hizo posible la existencia de periódicos y revistas y la invención de la publicidad y de las etiquetas comerciales.

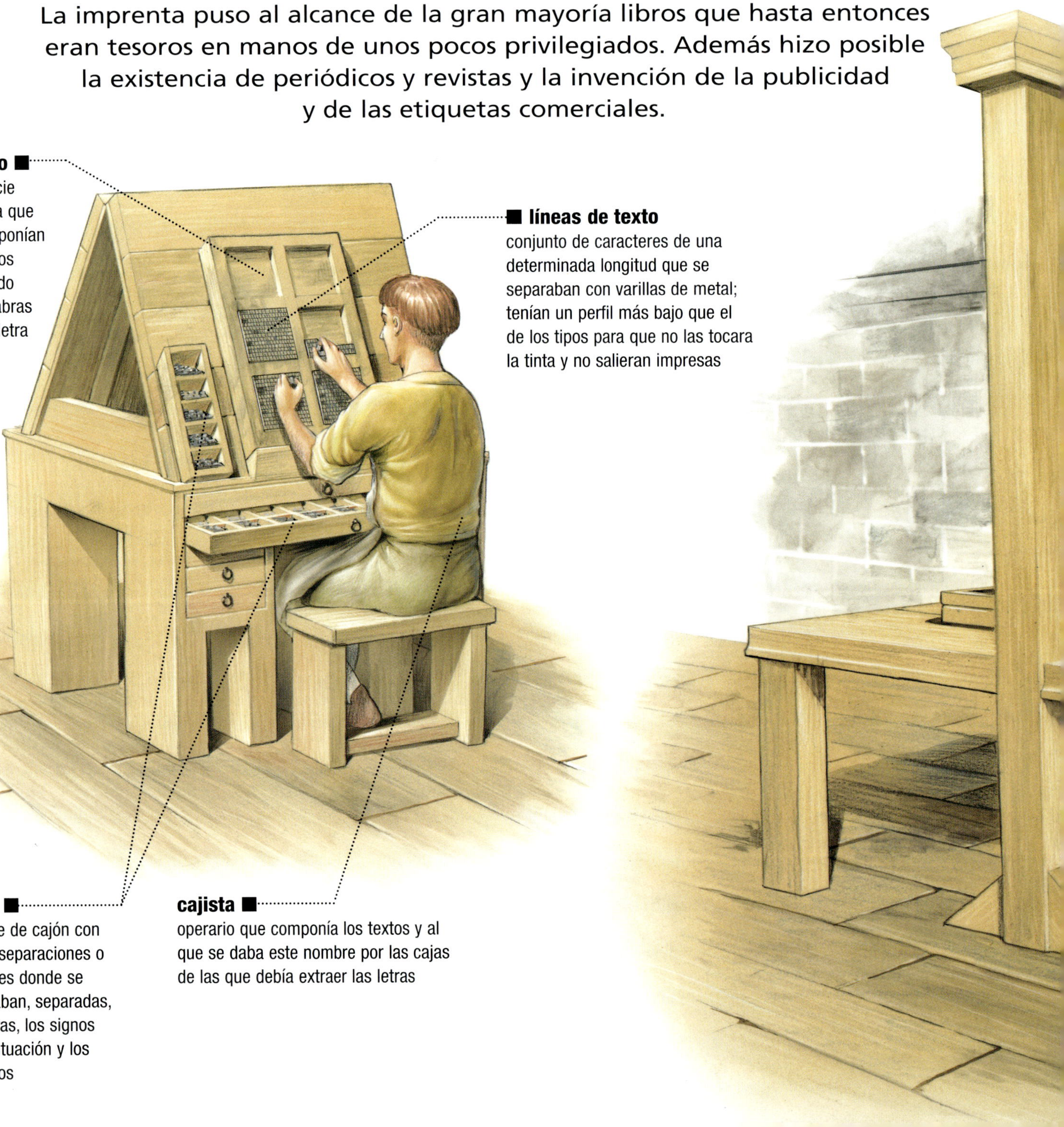

UN INVENTO CHINO

Aunque los antiguos sumerios grababan signos en cilindros de piedra que luego aplicaban sobre tablillas de arcilla, fueron los chinos quienes inventaron en realidad la imprenta, pues ya en el siglo IX imprimían páginas enteras que previamente habían sido grabadas en un bloque de madera. Sin embargo, los chinos utilizaron este procedimiento más como un sistema artístico que como una forma de divulgar el conocimiento escrito.

Los tipos

Las letras de metal fundido (o tipos) se almacenaban en cajas o cajetines por separado y su número era proporcional a su utilización en cada idioma; el mismo criterio se empleaba para los signos ortográficos. Las letras estaban divididas en dos secciones dentro de la caja que las contenía: en la parte superior izquierda se situaban las mayúsculas (o letras de caja alta) y en la parte inferior las minúsculas (o letras de caja baja), así como los números, los signos de puntuación y los espacios.

prensa de mano
máquina que comprimía los tipos entintados sobre el papel para que así el texto se traspasara al papel por el efecto de la presión

hojas impresas
láminas que quedan durante el proceso de secado

impresor
operario que se encargaba de colocar las hojas de papel y de hacer funcionar la prensa

impresión
la página compuesta por el cajista se coloca boca arriba bajo la prensa y sobre ella se pone la hoja que se debe imprimir; al presionar, la tinta que estaba sobre los tipos pasa al papel

bastidor deslizante
sobre él descansa la página compuesta

IMÁGENES PARA SIEMPRE

La fotografía surge de la combinación ingeniosa de dos ciencias: la óptica y la química. La óptica aporta el hecho de que si a una caja hermética se le practica un pequeño agujero en una de sus caras, se forma una imagen más pequeña e invertida en la cara paralela. La química descubre sustancias que, al recibir la luz, se alteran permanentemente, y procedimientos que fijan estos cambios en un papel adecuado, lo que permite obtener una imagen permanente o fotografía.

Cámara digital

Las cámaras fotográficas digitales transforman, mediante un sensor especial llamado CCD, la imagen luminosa captada por el objetivo, en datos numéricos que son tratados por el miniordenador de la cámara y almacenados en una tarjeta de memoria. Estos datos pueden ser descargados en un ordenador y transformados de nuevo en imagen por una impresora, o ser guardados en un CD-ROM para ser vistos cuantas veces se quiera en el monitor del ordenador.

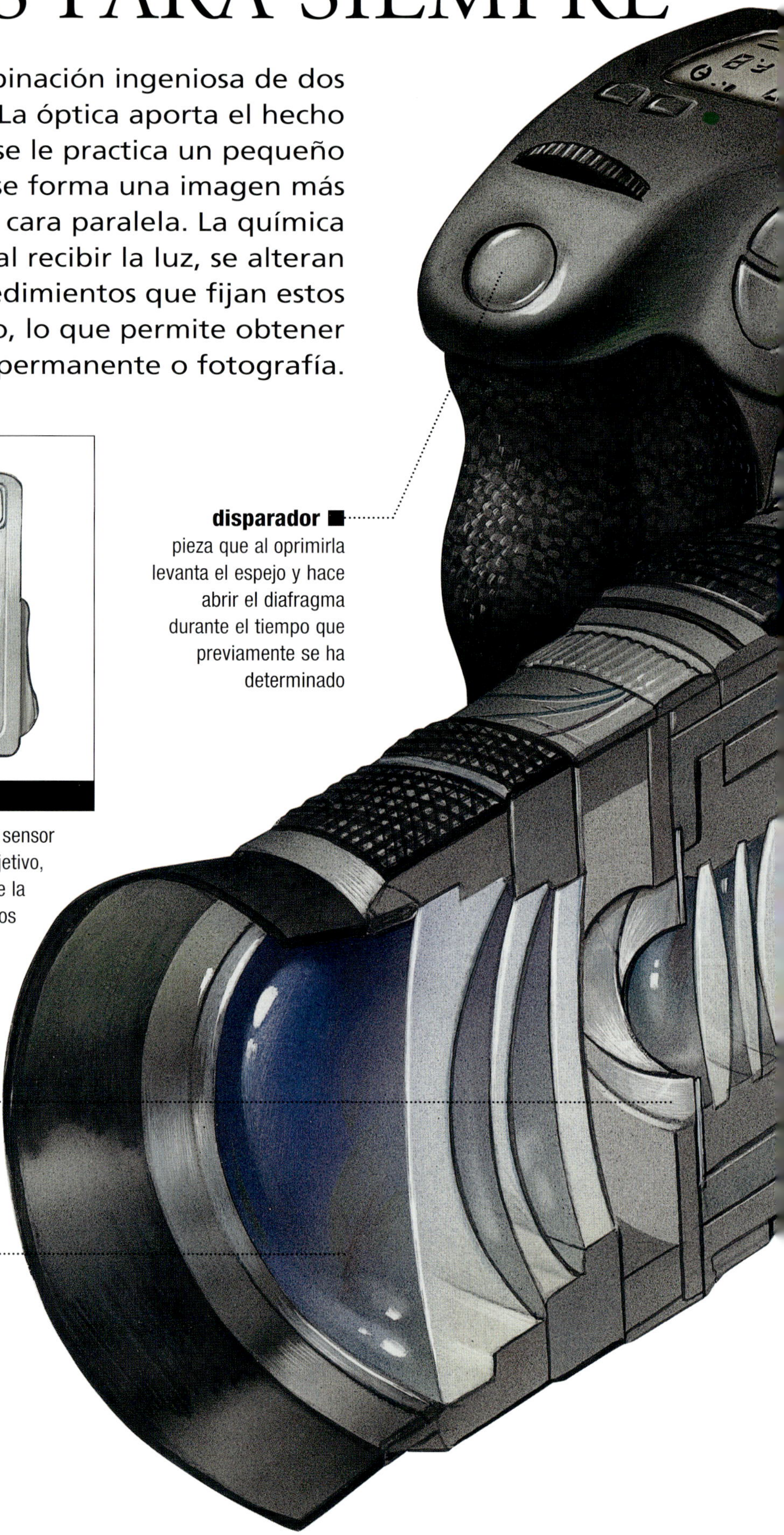

disparador ■
pieza que al oprimirla levanta el espejo y hace abrir el diafragma durante el tiempo que previamente se ha determinado

diafragma ■
conjunto de laminillas que forman un orificio de dimensiones variables, según sean las necesidades de luz de la fotografía que se realiza

objetivo ■
conjunto de lentes que reciben la imagen luminosa y la refractan hacia el espejo y la película

■ panel
pequeña pantalla informativa de cristal líquido que muestra información sobre las condiciones en las que se realiza la fotografía

■ visor
sistema que permite enfocar la imagen que se desea obtener; en las cámaras réflex, como ésta, lo que se ve por el visor es exactamente lo que se fotografía mientras que en las compactas hay una diferencia, llamada error de paralaje

■ flash
sistema eléctrico que produce un intenso destello luminoso que ilumina objetos cercanos para que aparezcan con suficiente claridad en la fotografía

■ mando
ruedecilla que permite seleccionar los distintos modos de fotografía (retrato, paisaje, deporte, nocturna, interior, etc.)

■ arrastre
cilindro que forma parte del sistema de arrastre de la película

■ película
cinta sobre una base de celuloide flexible que contiene una o varias capas de sustancias sensibles a la luz

■ espejo
tabla de cristal que en las cámaras réflex refleja hacia el visor la imagen que se fotografía y que se levanta cuando se oprime el disparador para permitir el paso de la luz hasta la película

OBJETIVOS INTERCAMBIABLES

Las cámaras réflex permiten cambiar con facilidad los objetivos. En función de su tamaño y de las lentes que los componen, los distintos objetivos permiten ampliar imágenes muy lejanas o realizar tomas de una gran amplitud.

EL DOMINIO DE LAS ONDAS

La ventaja más importante de la radio no es transportar información a grandes distancias, porque eso también lo pueden hacer el teléfono y el telégrafo, ni convertir impulsos eléctricos en sonido y viceversa, procedimiento que ya se había experimentado con el fonógrafo. La diferencia con los otros sistemas de comunicación es que puede utilizar las ondas electromagnéticas como vehículo de transporte de la información, lo que la independiza de los cables, que sí son necesarios para el funcionamiento del telégrafo y el teléfono fijo.

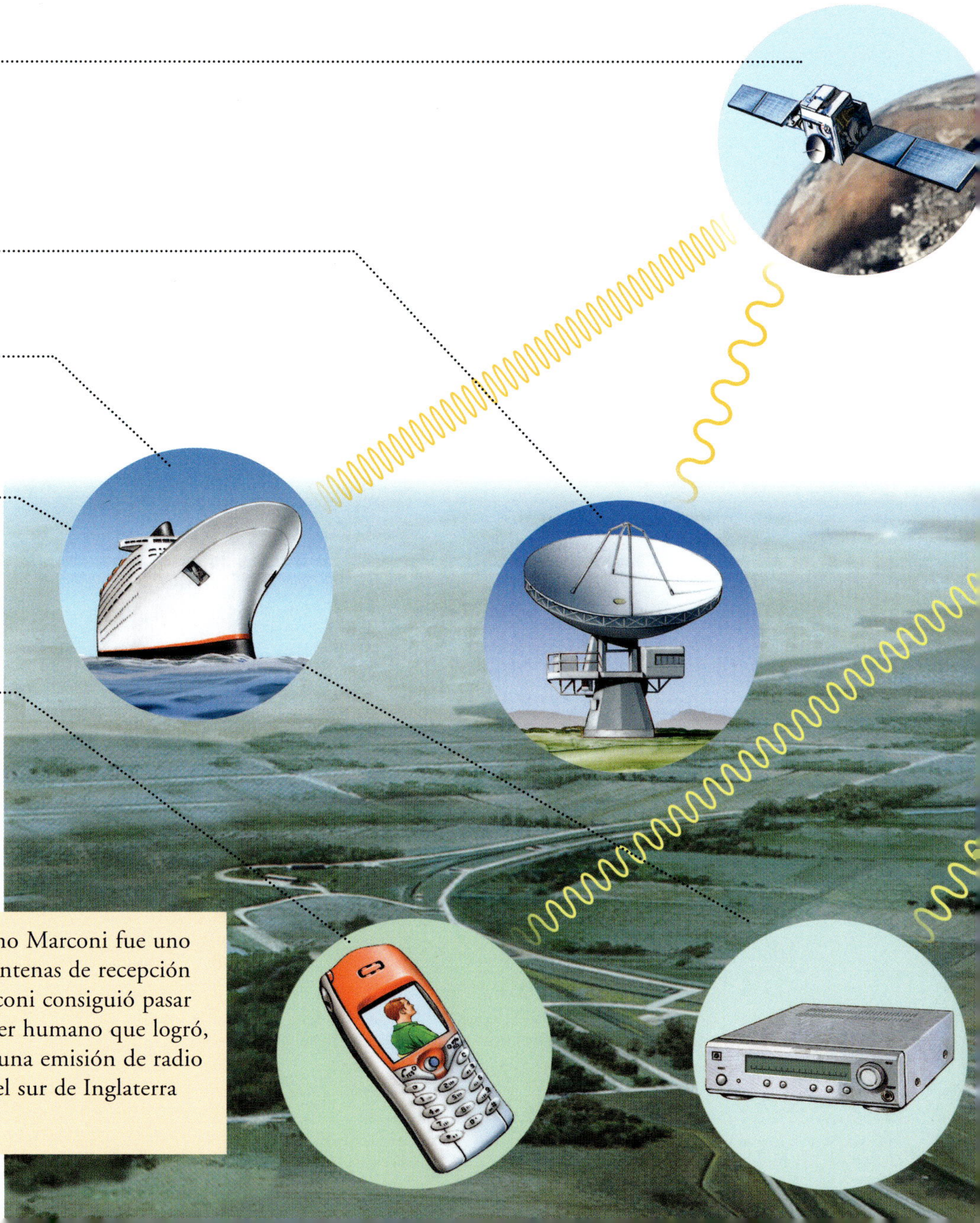

satélite de telecomunicaciones
ingenio capaz de captar y retransmitir señales de radio de altísima frecuencia a miles de kilómetros de distancia

antena receptora
dispositivo que sirve para recibir ondas de radio de ultrafrecuencia (UHF)

barco
equipado con receptor de ondas largas que son las utilizadas para dar información meteorológica a los mercantes y pesqueros

receptor de VHF
aparato que capta las ondas comprendidas entre 30 y 300 mgHz, llamadas de muy alta frecuencia, utilizadas para comunicaciones de corto alcance como las de los bomberos, la policía o los radiotaxis

receptores
gracias a estos aparatos se pueden recibir señales o sonidos; la mayoría de los receptores de radio modernos captan emisoras de onda corta, media y larga, además de las que emiten en frecuencia modulada

MARCONI

El ingeniero eléctrico italiano Guillermo Marconi fue uno de los descubridores, en 1895, de las antenas de recepción de ondas electromagnéticas. Pero Marconi consiguió pasar a la historia por haber sido el primer ser humano que logró, el 12 de diciembre de 1901, producir una emisión de radio a larga distancia. Su señal viajó desde el sur de Inglaterra hasta Terranova.

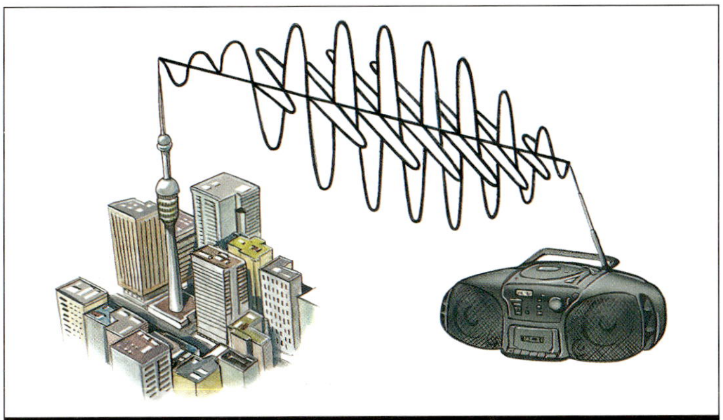

Modulación de las ondas

Las ondas electromagnéticas producidas por las emisoras no transportarían ningún sonido si no sufrieran un proceso de modificación de la amplitud o la frecuencia conocido como modulación. Así, las emisoras que emiten en AM (onda media) modulan o modifican la amplitud de las ondas, mientras que las que emiten en FM (frecuencia modulada) modulan la frecuencia de éstas.

■ **estudio**
locutorio donde los micrófonos transforman el sonido, como las voces o la música, en impulsos eléctricos

■ **torre de telecomunicaciones**
aparato que emite al aire la señal de la emisora en ondas electromagnéticas de diferentes frecuencias

■ **emisora**
sitio donde tiene lugar la transformación de los impulsos eléctricos en ondas electromagnéticas moduladas que se lanzan al aire mediante una antena

■ **receptores**
gracias a estos aparatos se pueden recibir señales o sonidos; la mayoría de los receptores de radio modernos captan emisoras de onda corta, media y larga, además de las que emiten en frecuencia modulada

EL VUELO DEL COLIBRÍ

Gracias a la veloz rotación de sus grandes palas, el helicóptero puede despegar y aterrizar casi en cualquier lugar, volar vertical u horizontalmente o mantenerse quieto suspendido en el aire, al igual que lo hace el diminuto colibrí. El perfil de las palas es similar al de las alas de los aviones y al girar provocan que la presión del aire sea mucho mayor por debajo que por encima de ellas. Esta diferencia de presión provee la fuerza necesaria para que el aparato pueda ascender libremente y acudir raudo, por ejemplo, al rescate de unos montañeros...

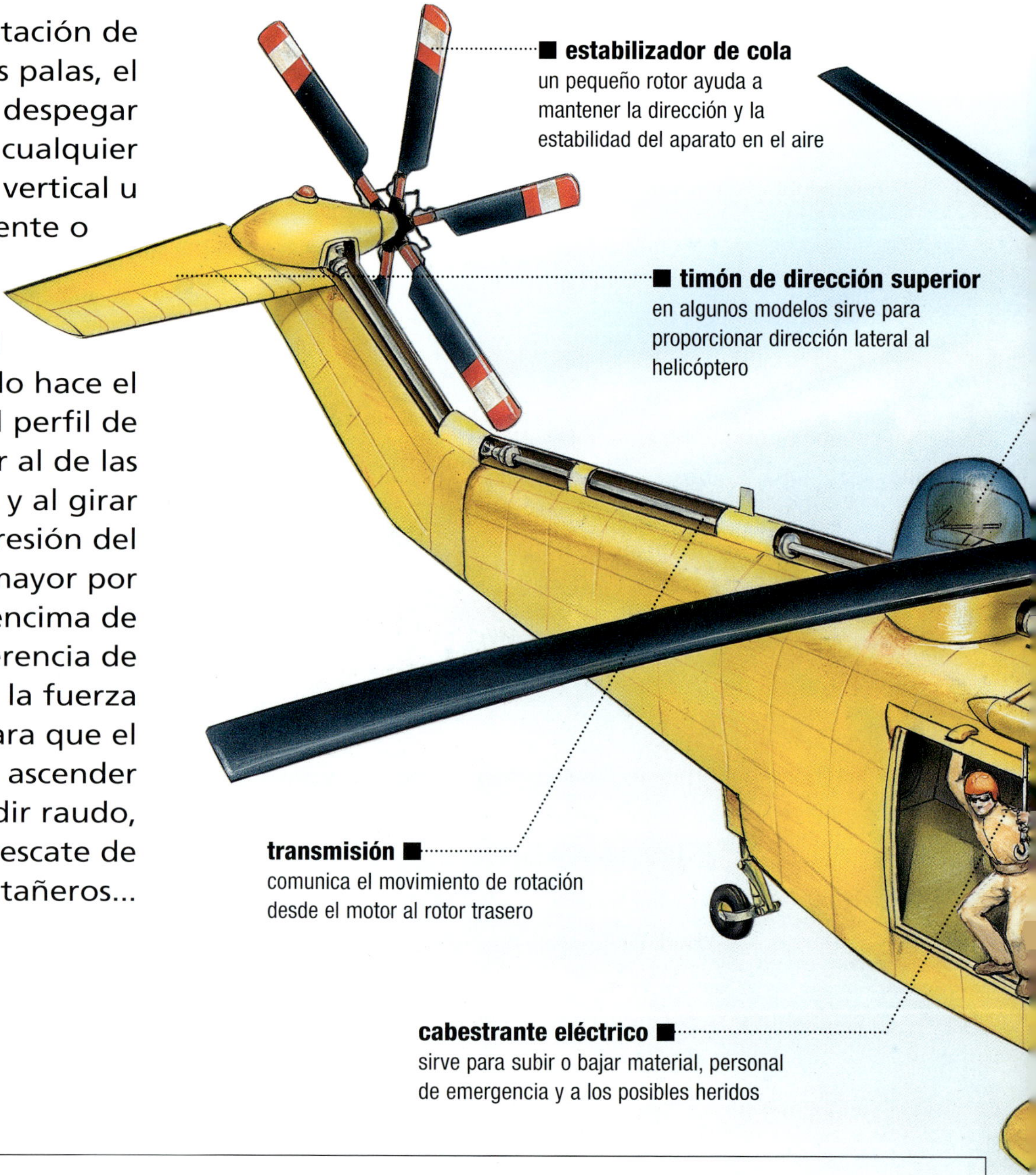

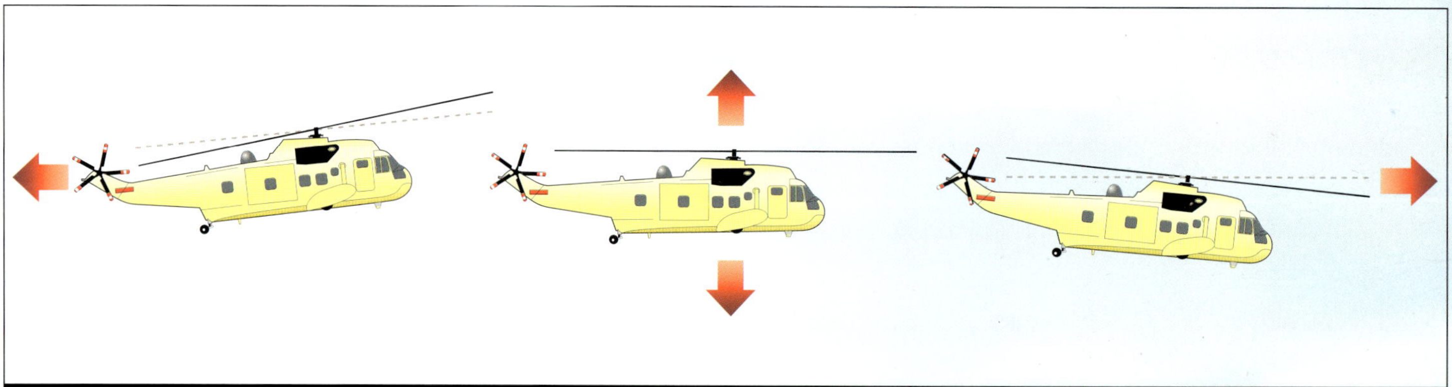

Maniobrabilidad y desplazamiento

Con el rotor principal inclinado hacia atrás, el helicóptero puede maniobrar y retroceder.

Con el rotor principal horizontal, el helicóptero se mantiene quieto, asciende o desciende verticalmente.

Con el rotor principal inclinado hacia adelante, el helicóptero avanza.

EL PRIMER AUTOGIRO

Cuatro siglos después de que Leonardo da Vinci diseñara una hélice sustentadora, el inventor español Juan de la Cierva construyó, en 1920, el precursor del helicóptero: el autogiro. Con este prototipo solucionaba muchos de los problemas de estabilidad que hacían ingobernables modelos anteriores. Hoy, los helicópteros se utilizan para el transporte de viajeros y mercancías, para trabajos en lugares de difícil acceso, en misiones de vigilancia, e incluso en operaciones militares.

EL MUNDO "EN DIRECTO" EN EL SALÓN DE CASA

Desde que apareció la radio, muchos científicos e inventores pensaron que además de voz y música también podrían enviarse imágenes por medio de las ondas; pero se tardó casi treinta años en inventar un procedimiento que funcionase y cerca de cincuenta en conseguir producir emisiones comerciales de televisión. Antes hubo que resolver problemas tan complejos como la descomposición de una imagen en millones de datos y su posterior recomposición en la pantalla de los aparatos receptores.

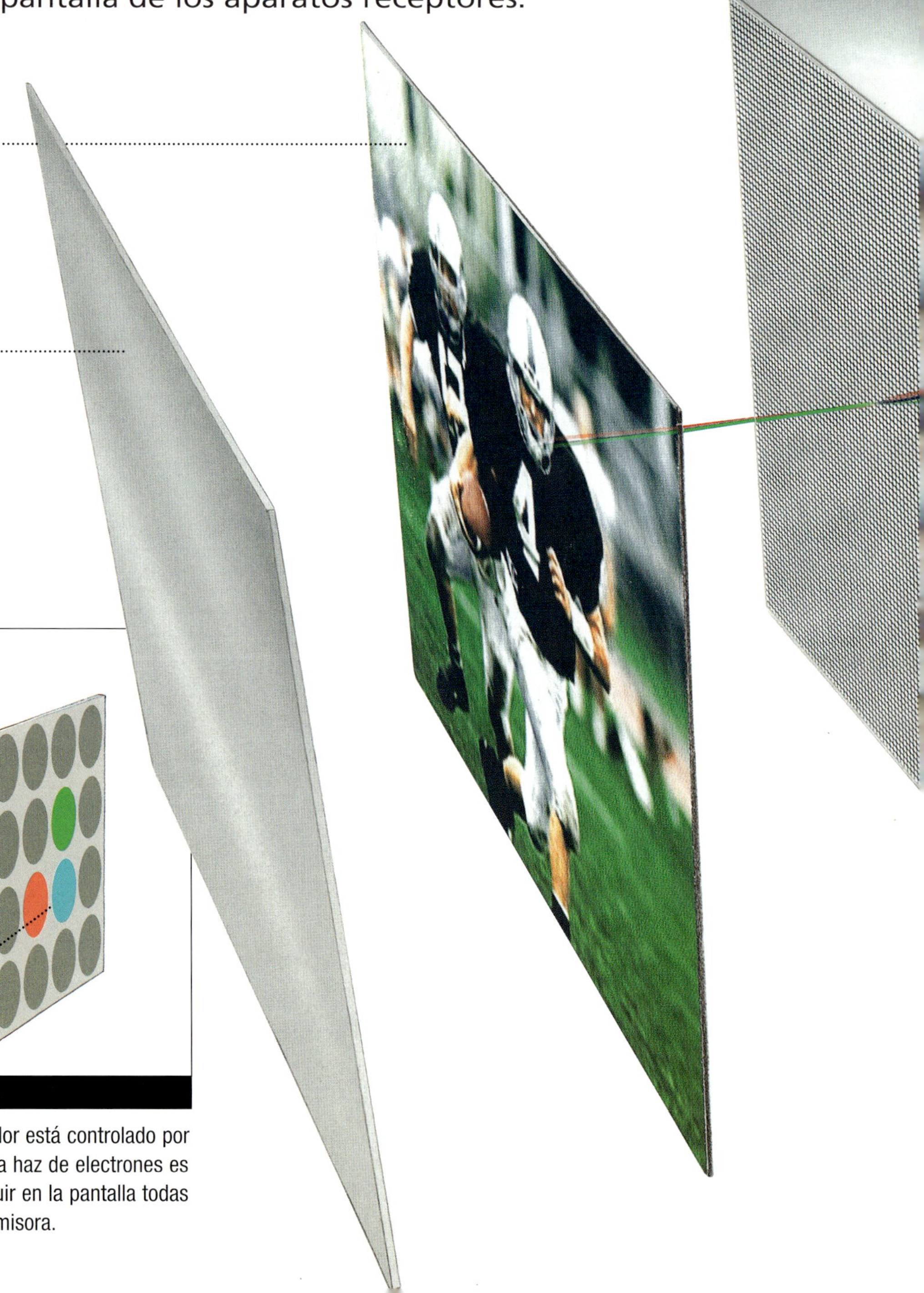

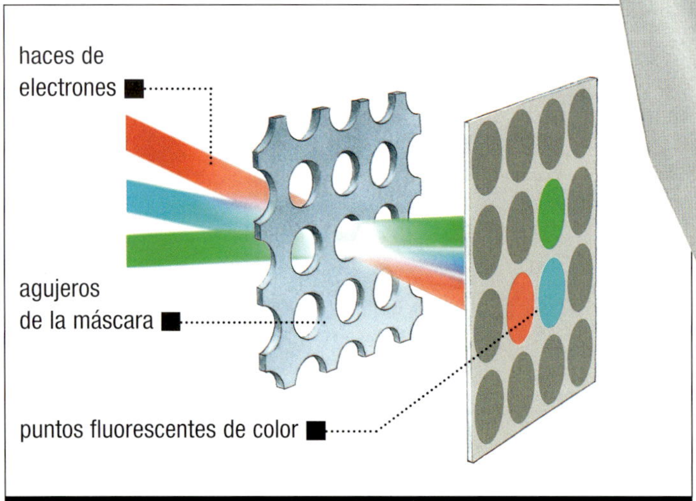

Imagen a color

El cañón de electrones correspondiente a cada color está controlado por una espiral electromagnética, de manera que cada haz de electrones es desviado vertical y horizontalmente para reconstruir en la pantalla todas las imágenes enviadas desde la emisora.

LOS PIONEROS DE LA "TELE"

El ingeniero escocés John Logie Baird realizó en 1926 la primera demostración pública de imágenes televisadas, pero fue el ingeniero ruso-estadounidense Vladimir Zworykin quien, un tiempo después, inventó el iconoscopio, que perfeccionaba el sistema de Baird: se inauguraba la era de la televisión.

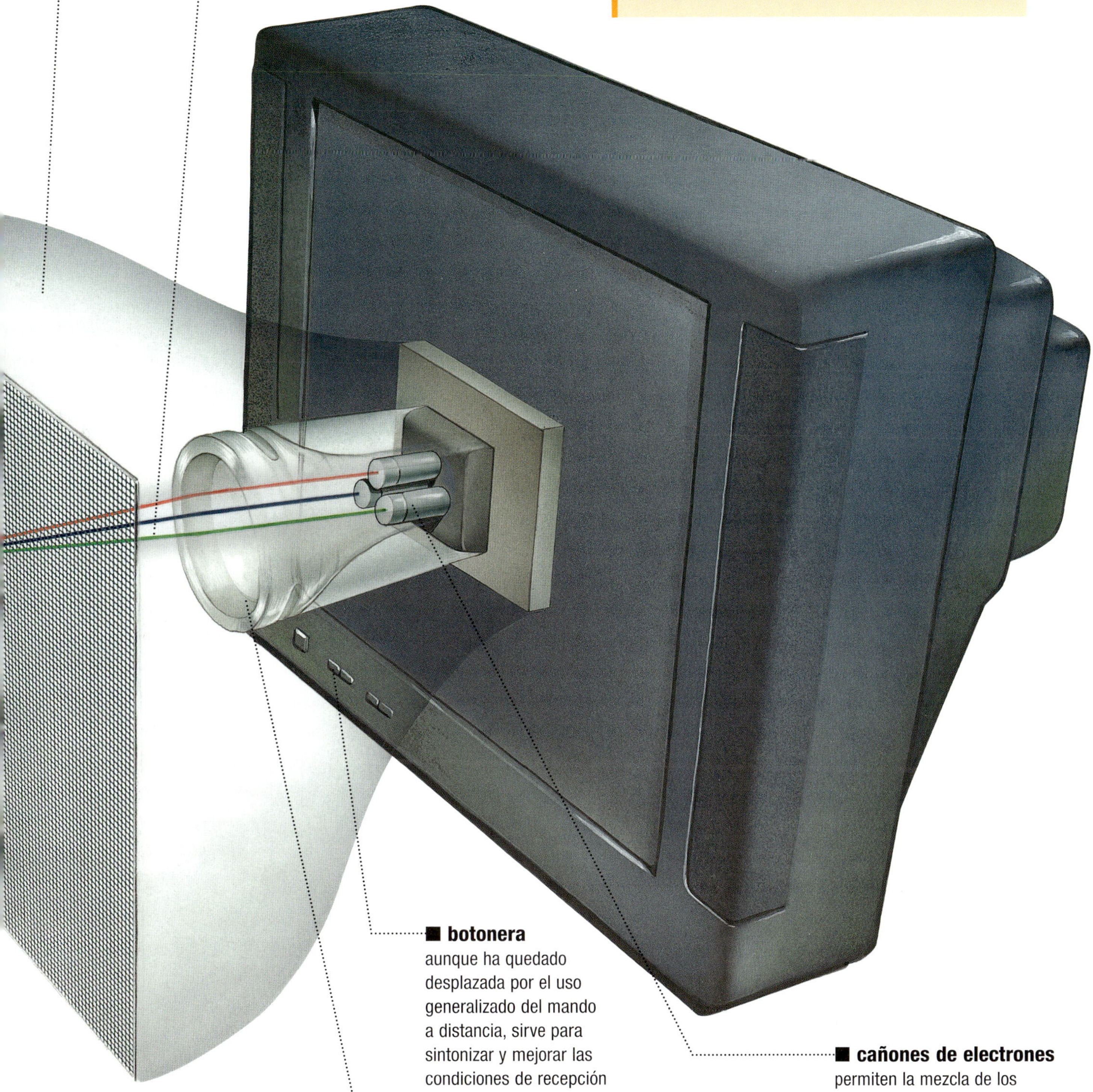

EL UNIVERSO A MANO

Cuando a mediados de la década de 1990 los teléfonos móviles se convirtieron en aparatos muy populares, era difícil imaginar que en apenas diez años se convertirían en instrumentos de altísima tecnología. Los teléfonos móviles de última generación son capaces, entre otras cosas, de captar y transmitir imágenes, descargar información a un ordenador personal, enviar y recibir mensajes de texto y conectarse a Internet.

¿MÓVILES, CELULARES O RADIOTELÉFONOS?

Los teléfonos móviles son, en realidad, sofisticados emisores y receptores de radio que utilizan la banda de microondas. No tienen mucho alcance, por lo que necesitan que cerca de ellos haya instalaciones dotadas de potentes antenas amplificadoras, denominadas *cell* en inglés, por lo que en esa lengua se les llama "teléfonos celulares", denominación que ha pasado a algunos países de Latinoamérica.

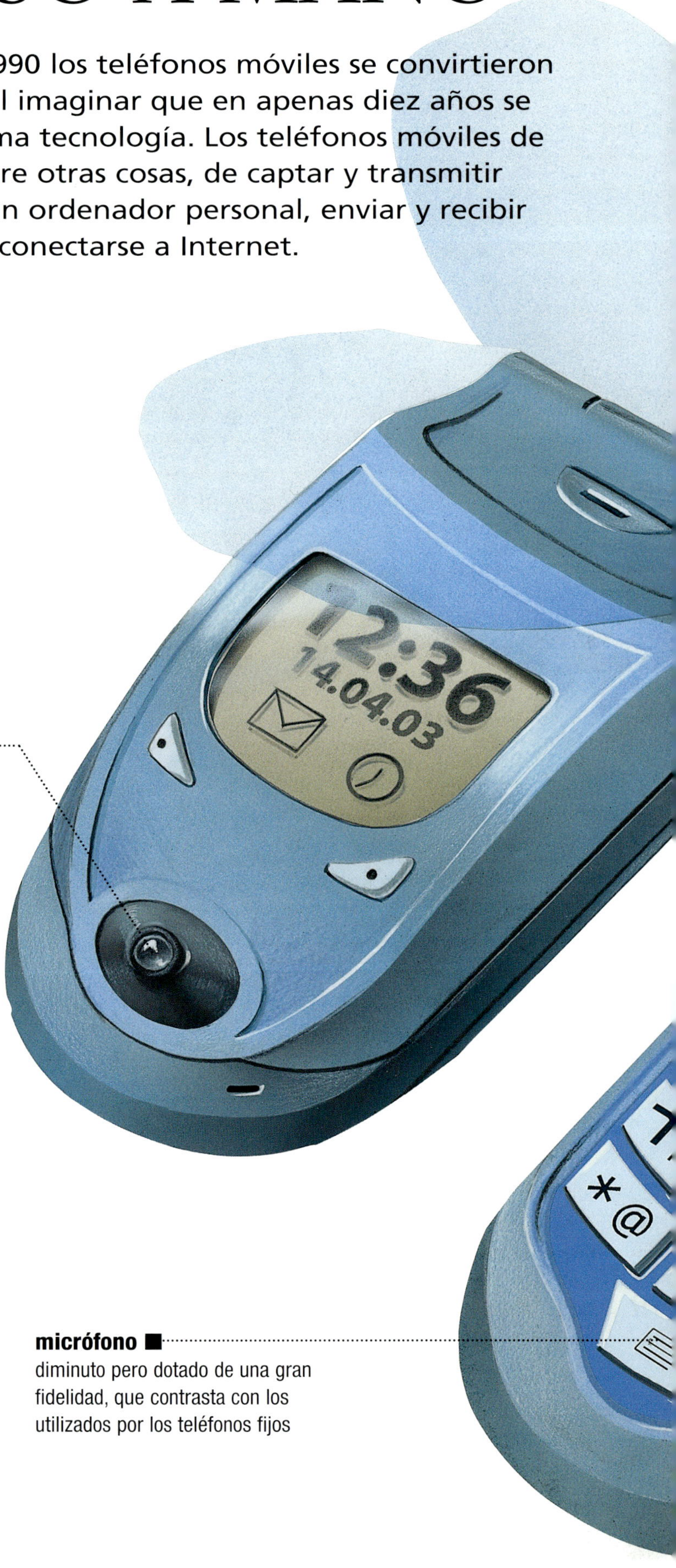

cámara
hace posible que se puedan enviar las imágenes tomadas, ya sean de vídeo o fotográficas, a otros teléfonos móviles o a un ordenador personal

micrófono
diminuto pero dotado de una gran fidelidad, que contrasta con los utilizados por los teléfonos fijos

Videoteléfono

Durante décadas, uno de los inventos que se preveía para un futuro próximo era el videoteléfono, pero la telefonía fija fue incapaz de desarrollarlo. Las cámaras "web" para realizar conferencias por Internet llenaron ese vacío, y puede decirse que las nuevas generaciones de ordenadores se han convertido en los auténticos videoteléfonos.

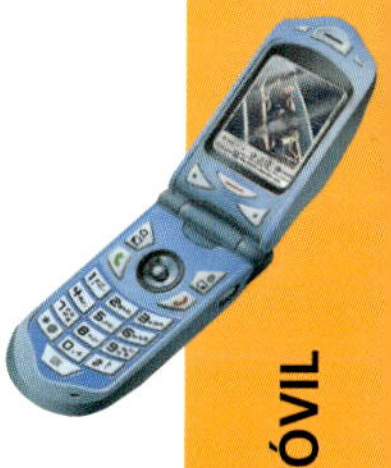

Atrás
Dirección
http://www.supersanti.com/
Búsqueda
rejilla
del altavoz, que a pesar de la miniaturización tiene una gran fidelidad en la reproducción del sonido
pantalla
está fabricada de cristal líquido, y en la mayoría de los modelos actuales es en color
mando
gracias a este dispositivo se puede mover un cursor en la pantalla, necesario para funciones como la conexión a Internet
conexión
permite conectarse a otros aparatos como un PC
teclado alfanumérico
además de marcar números telefónicos, permite enviar mensajes de texto
antena
los modelos más modernos la llevan oculta en su interior

UN FANTÁSTICO RAYO DE LUZ

Cuando un objeto, por ejemplo una barra de hierro, se calienta mucho, emite luz. Algunos sólidos, líquidos y gases producen luz de una sola frecuencia o color, que recibe el nombre de rayo láser, cuando se aumenta mucho su energía. El láser, según sean sus características, puede usarse para objetivos tan distintos como la grabación y reproducción de imagen y sonido, el transporte de información, la construcción de túneles o la utilización como bisturí en intervenciones quirúrgicas, entre otras aplicaciones.

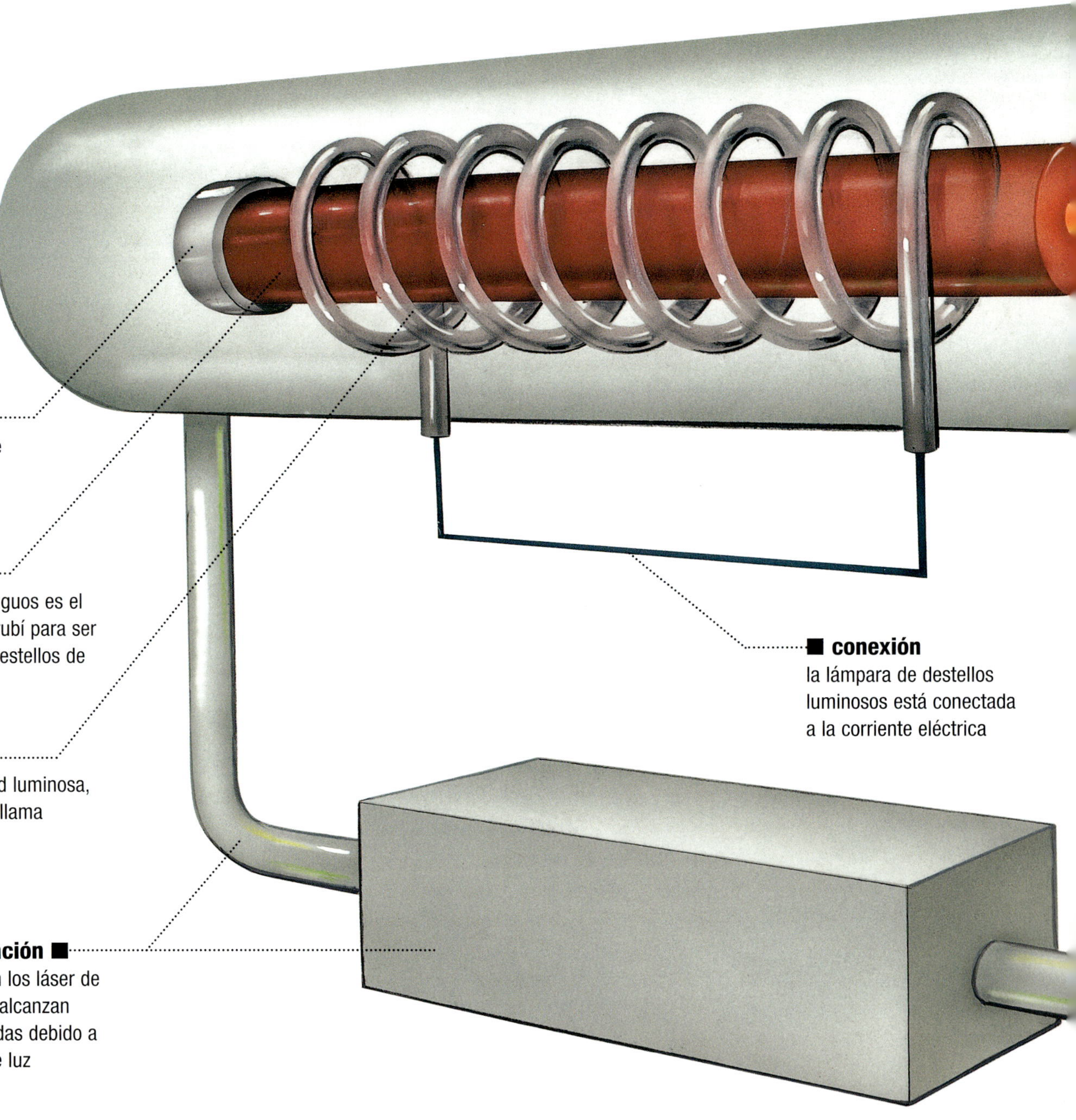

espejo completo ■
sirve para evitar fugas de luz reflejándola hacia el interior de la barra

barra de rubí ■
uno de los láser más antiguos es el que utiliza una barra de rubí para ser estimulada y conseguir destellos de miles de vatios

lámpara ■
es de una gran intensidad luminosa, por lo que también se la llama bomba de luz

sistema de refrigeración ■
resulta imprescindible en los láser de materiales sólidos, pues alcanzan temperaturas muy elevadas debido a la acción de la bomba de luz

■ **conexión**
la lámpara de destellos luminosos está conectada a la corriente eléctrica

DE LA TIERRA A LA LUNA

Una de las aplicaciones más curiosas que se ha dado al rayo láser ha sido la de medir con total exactitud la distancia entre la Tierra y la Luna. La particularidad del láser de emitir un haz de luz cuyos rayos son perfectamente paralelos consigue que, a pesar de los 384.000 km que separan los dos astros, la luz del láser reflejada por la superficie lunar sea visible desde la Tierra con un telescopio.

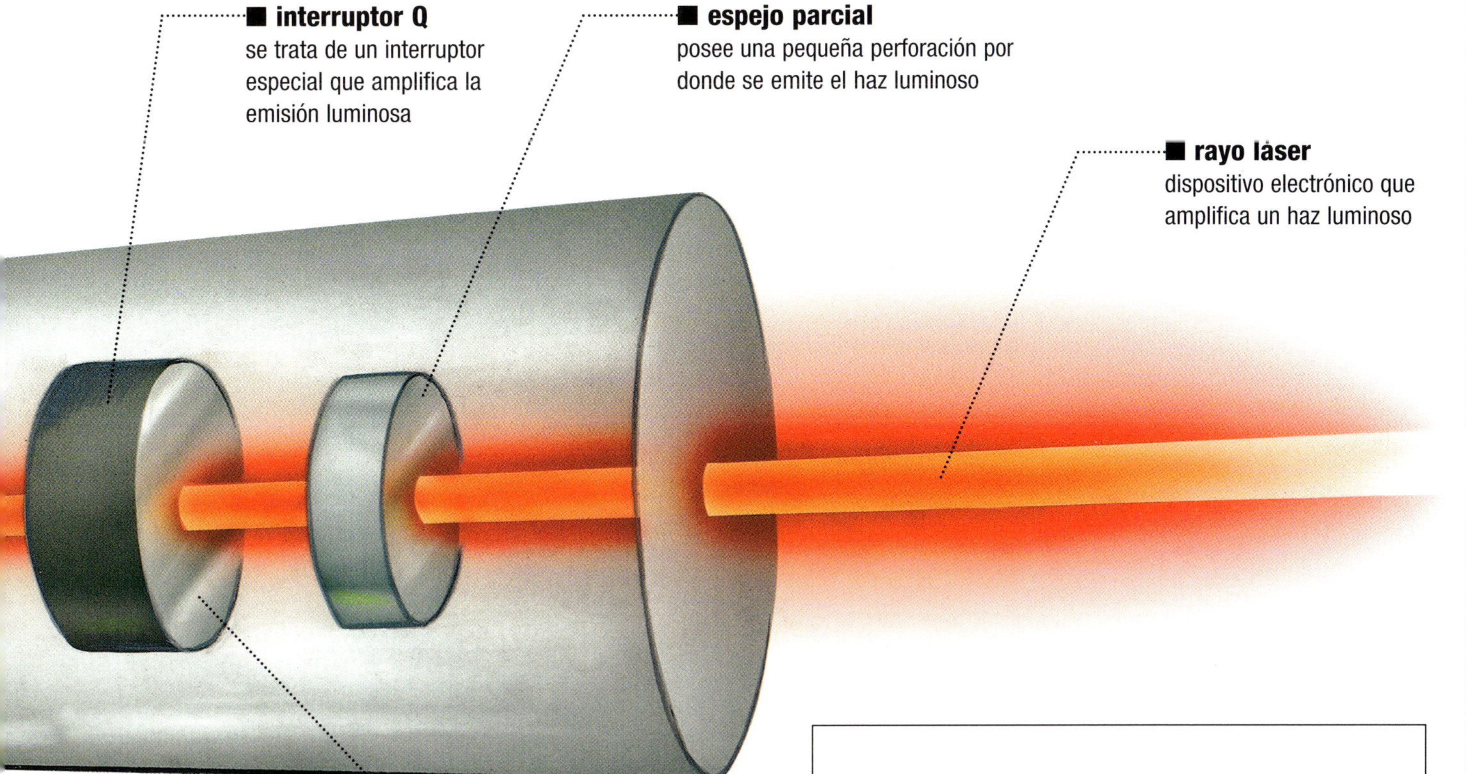

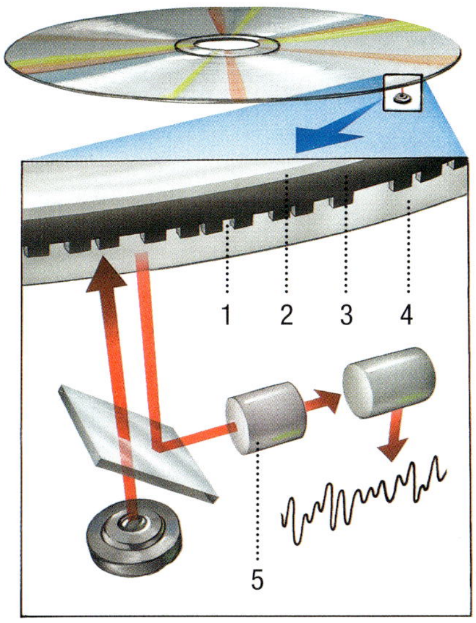

Lectura de un CD por un rayo láser

El rayo láser atraviesa el espejo por la perforación y lee la información digital contenida en los microorificios del disco. La luz reflejada por el espejo va a un diodo que la transforma en información digital, que a su vez es transformada por el dosificador binario en impulsos eléctricos.

CRONOLOGÍA

FECHA APROXIMADA	INVENTO
Hace 2 millones de años	Primeras herramientas de piedra
Hace 1 millón de años	Uso del fuego
Hace 300.000 años	Embarcaciones rudimentarias
Hace 30.000 años	Lámparas que quemaban grasa
10.000 años a.C.	Agricultura y primeras ciudades
8.000 años a.C.	Primeros regadíos
	Tejidos
6.000 años a.C.	Plano inclinado
	Embarcaciones con remos y velas
5.000 años a.C.	Fundición del cobre
4.000 años a.C.	La rueda
	El arado
2.000 años a.C.	Carros arrastrados por caballos
1.500 años a.C.	Fundición del hierro
700 años a.C.	Reloj de sol
170 años a.C.	Pergamino
85 años a.C.	Norias
105	Papel
400	Carretilla de mano
600	Arado con vertederas
1044	Pólvora
1137	Arbotante
1180	Brújula
1249	Anteojos
1291	Espejos de vidrio
1335	Reloj mecánico
1451	Lentes cóncavas
1454	Imprenta de Gutenberg
1589	Tricotosa
1590	Microscopio
1596	Termómetro
1608	Telescopio
1622	Regla de cálculo
1668	Telescopio reflector
1693	Máquina calculadora de Leibniz
1712	Máquina de vapor de Newcomen
1714	Termómetro de mercurio
1729	Conductores y aislantes eléctricos
1752	Pararrayos
1800	Iluminación de gas
1804	Locomotora de vapor sobre raíles
1823	Electroimán
1827	Turbina
1831	Generador y motor eléctrico
1834	Segadora mecánica
1836	Pila eléctrica de Daniell
1839	Bicicleta
	Caucho vulcanizado
	Fotografía

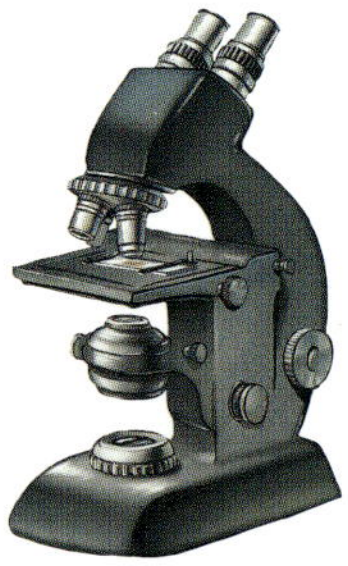

1842	Abonos químicos
1844	Telégrafo
1852	Ascensor
1853	Plástico sintético
1858	Primer refrigerador útil
1859	Batería de ácido y láminas de plomo
	Submarino
1860	Motor de combustión interna
1866	Dinamita
1867	Máquina de escribir
	Pila seca
1869	Celuloide
1876	Teléfono
	Motor de cuatro tiempos
1877	Fonógrafo o tocadiscos
1879	Bombilla eléctrica
1880	Calculadora electromecánica
1885	Automóvil con motor de gasolina
	Transformador eléctrico
1887	Neumáticos de caucho
1889	Cinematógrafo
1895	Rayos X
	Antena de radio
1897	Motor Diesel
1901	Emisiones de radio
1903	Avión
1908	Cadena de montaje
1917	Sonar
1926	Cohete con combustible líquido
1927	Cine sonoro
1930	Ordenador parcialmente electrónico
1931	Nailon y neopreno
1932	Microscopio electrónico
1935	Radar
1937	Radiotelescopio
1938	Primera cámara de televisión útil
	Bolígrafo
	Primer vuelo en helicóptero
1940	Televisión en color
1941	Avión a reacción
1946	Ordenador electrónico digital
1948	Transistor
1957	Puesta en órbita del Sputnik, primer satélite artificial
1958	Fotocopiadora
1960	Láser
	Circuitos integrados
1970	Primer avión supersónico comercial
	Fibra óptica
1971	Calculadora de bolsillo
	Estación espacial en órbita terrestre
1972	Discos compactos
1975	Microchips
1982	Impresora láser
1987	Materiales superconductores
1990	Teléfono móvil comercial

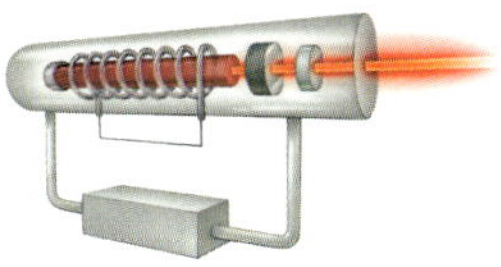